U0166683

孙·文新

自幼喜欢绘画。为了创作本
书插图阅读了大量国内外经
典绘本作品。这是一段有趣
的创作时光，是父子之间的
爱与成全。

孙·煜尧

2002年出生，自幼喜爱探索
自然，从小学开始对蜘蛛、
蝎子、蜈蚣、蜥蜴、蛇进行
探索研究，并多次在媒体平
台分享自己的收获。在中学
时开始对膜翅目昆虫（主要
是蚂蚁）进行研究，在家养
了多种蚂蚁，日日观察，并
写下此书。

家门外的自然课系列

孙煜尧 著
孙文新 绘

看！蚂蚁

山东科学技术出版社
·济南·

处处可见的蚂蚁

蚂蚁是世界上种类最多的昆虫之一，目前大约有14 000种。
据推测，蚂蚁是在距今约1.2亿年前的早白垩世经过演化而成。

蚂蚁在地球上的不同地区生活，它们的身体形态与生活习性在漫长岁月中进化得各不相同。比如南美洲布氏游蚁兵蚁拥有冰钳一样的大颚，北美洲干旱地区的蜜罐蚁有着像葡萄一样形状的肚子。

3

"会飞"的蚂蚁

　　每个蚁群中都会有一只或几只蚁后，蚁后是蚁群中唯一可生育的雌性，是蚁巢中所有蚂蚁的母亲。但蚁后又是从哪里来的呢？在一个成熟的蚁巢，蚁后会在每年特定的时期产下一批不同的卵，这些卵会长成带有翅膀的"蚁后"和雄蚁，为"婚飞"做准备。在"婚飞"时，它们会在适当的时候飞出巢穴，在空中完成交配。当交配完成，蚁后会脱去翅膀建立新的巢穴，而雄蚁则会很快死去。

!!! 严格来说，工蚁也算是雌性，但它们是卵巢发育不良的雌性，所以不具有生育能力。

雄蚁

雌蚁

!!! "婚飞"是蚂蚁世界最隆重的仪式，也是蚂蚁族群延续后代的方式。同一种蚂蚁的"婚飞"时间几乎是相同的，这样，这群担负光荣使命的蚂蚁们便获得了更多"偶遇"的机会。

蚂蚁的一生

蚂蚁从晶莹剔透的卵到合格的社会"公民"会经历许多。首先是从受精卵开始，它们会发育成通透柔软的"胖子"——幼虫，之后是蛹，最后在时机成熟的时候摇身一变成为一只合格的"蚂蚁公民"。我们见到的蚂蚁往往都是已发育完全的成虫了。

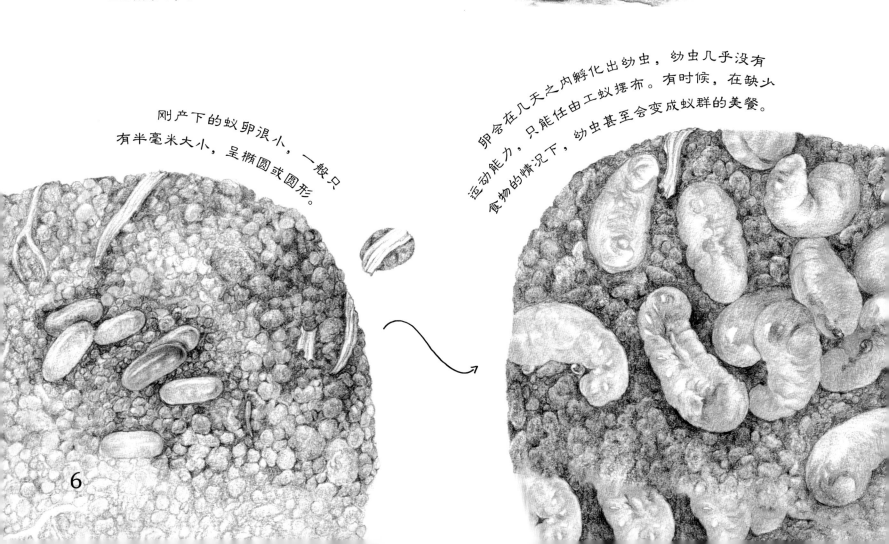

刚产下的蚁卵很小，一般只有半毫米大小，呈椭圆或圆形。

卵会在几天之内孵化出幼虫，幼虫几乎没有运动能力，只能任由工蚁摆布。有时候，在缺少食物的情况下，幼虫甚至会变成蚁群的美餐。

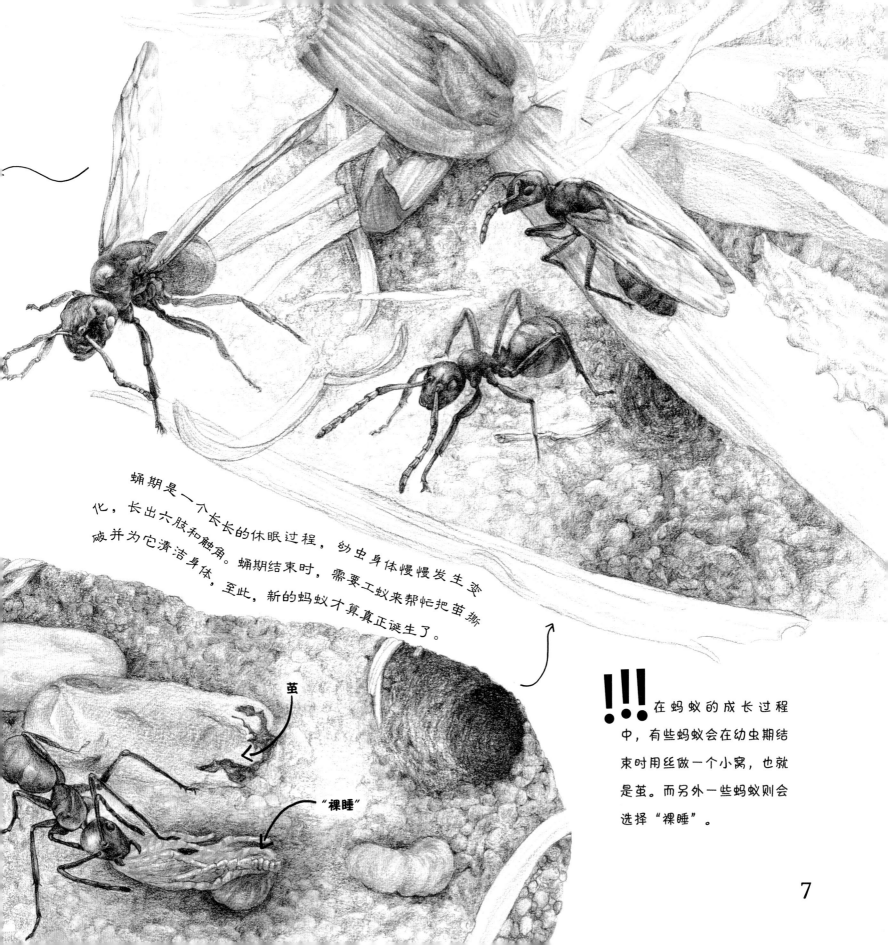

蛹期是一个长长的休眠过程，幼虫身体慢慢发生变化，长出六肢和触角。蛹期结束时，需要工蚁来帮忙把茧撕破并为它清洁身体，至此，新的蚂蚁才算真正诞生了。

茧

"裸睡"

!!! 在蚂蚁的成长过程中，有些蚂蚁会在幼虫期结束时用丝做一个小窝，也就是茧。而另外一些蚂蚁则会选择"裸睡"。

蚂蚁的女儿国

蚁后是蚂蚁之王吗？毫无疑问，蚁后是蚁群中十分重要的成员，没有蚁后，一个蚂蚁群落就无法延续"香火"。但是，蚁后并不是"蚂蚁王"，她也只是蚁群中的一员。蚁后在蚁群中通常只负责产卵。

8

!!! 蚂蚁群落中没有真正的"王"，社会成员的个性被压制到极低水平，每种蚂蚁都发挥着自己的作用，它们互相分享自己得到的信息，共同维持蚂蚁群落的生存发展，我们把这种现象称为"自组织"。

有艺术细胞的蚂蚁

蚂蚁是自然界的建筑师，它们会运用从自然界中得到的各种材料精心打造自己的容身之所。世界上不同种类的蚂蚁都有自己独特的"建筑艺术"。

10

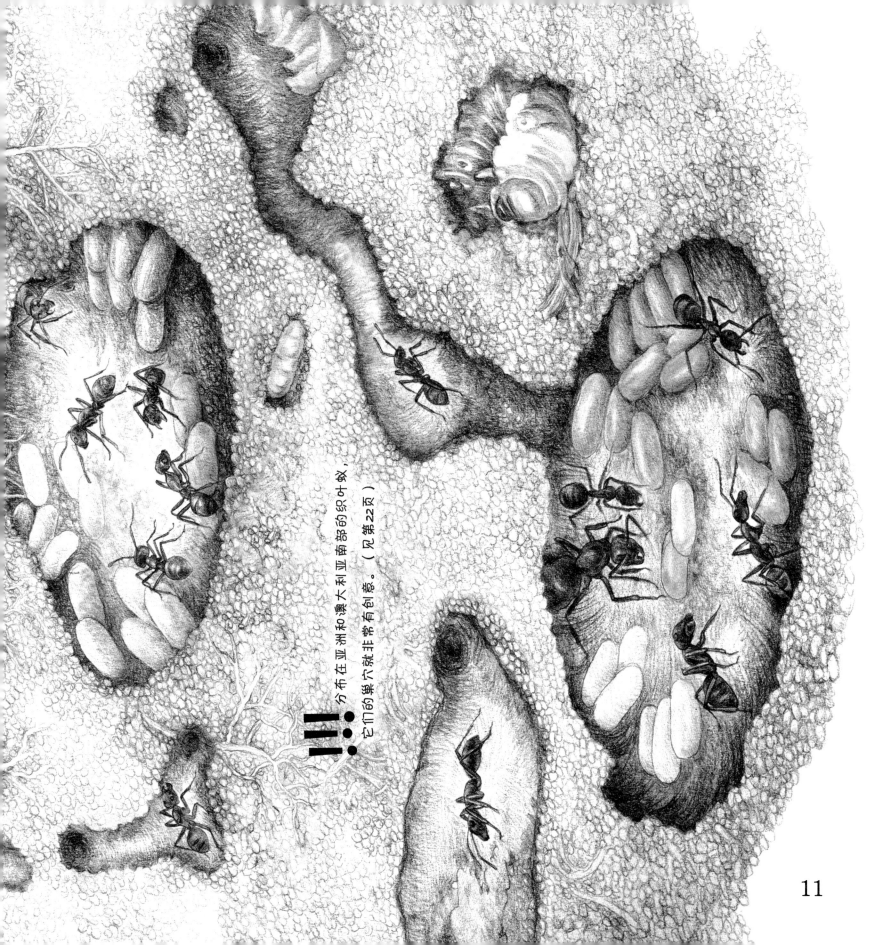

分布在亚洲和澳大利亚南部的织叶蚁，它们的巢穴就非常有创意。（见第22页）

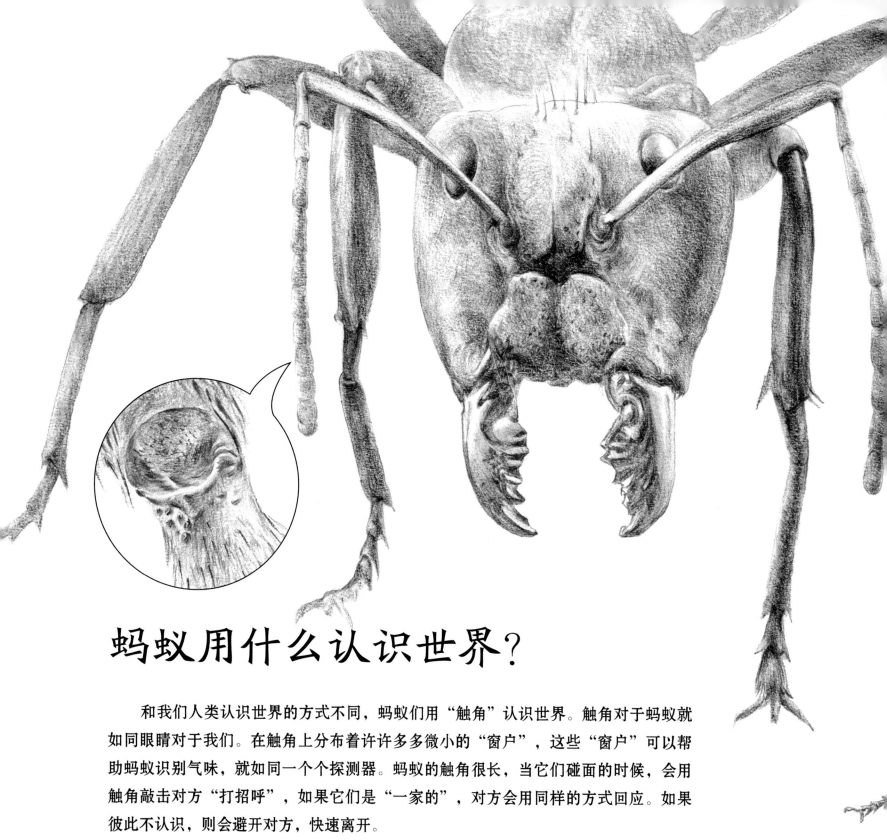

蚂蚁用什么认识世界？

　　和我们人类认识世界的方式不同，蚂蚁们用"触角"认识世界。触角对于蚂蚁就如同眼睛对于我们。在触角上分布着许许多多微小的"窗户"，这些"窗户"可以帮助蚂蚁识别气味，就如同一个个探测器。蚂蚁的触角很长，当它们碰面的时候，会用触角敲击对方"打招呼"，如果它们是"一家的"，对方会用同样的方式回应。如果彼此不认识，则会避开对方，快速离开。

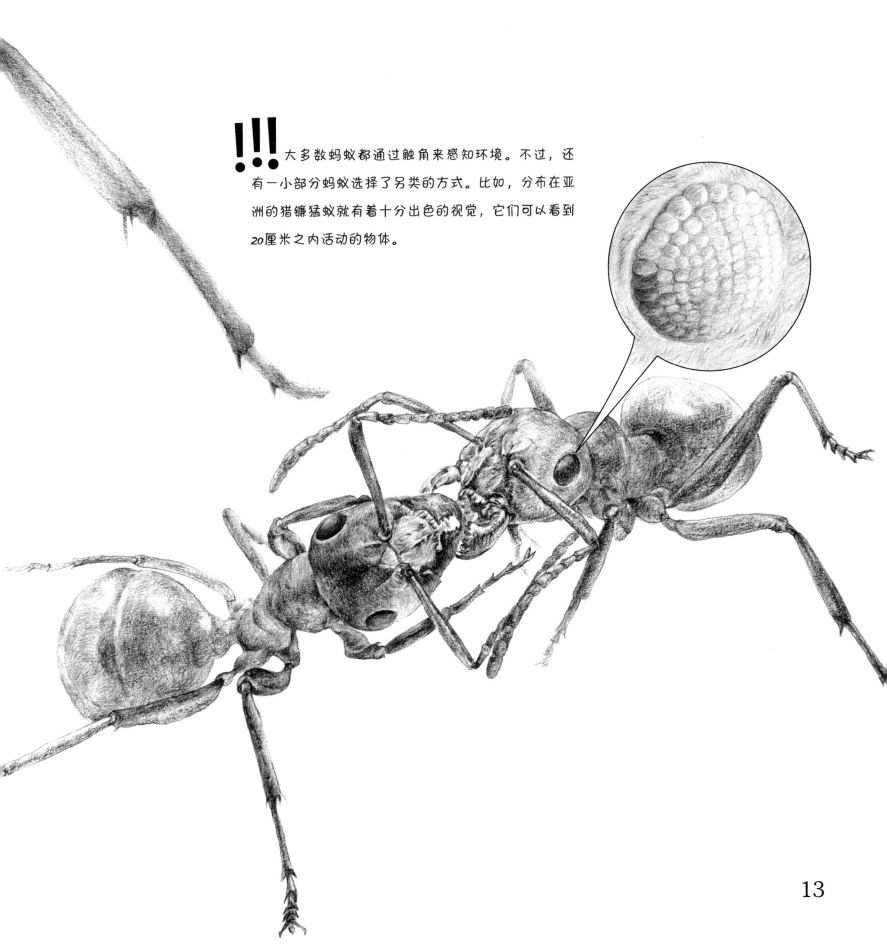

!!! 大多数蚂蚁都通过触角来感知环境。不过，还有一小部分蚂蚁选择了另类的方式。比如，分布在亚洲的猎镰猛蚁就有着十分出色的视觉，它们可以看到20厘米之内活动的物体。

13

蚂蚁会迷路吗？

　　小朋友们，看着蚂蚁排着浩浩荡荡的队伍前后穿梭，你感觉它们会迷路吗？我们知道，蚂蚁十分相信自己的同伴，如果把一只蚂蚁拿出来，放到别处，它就会乱了分寸，这就像小朋友到了一个从未去过的地方一样。但是蚂蚁在漫长的进化岁月中，发现了许多可以让自己与伙伴取得联系的方法。

!!! 多数蚂蚁会用身上的腺体在路上留下化学气味信息素，沿着这条气味"路"，它们就可以安全返回了。

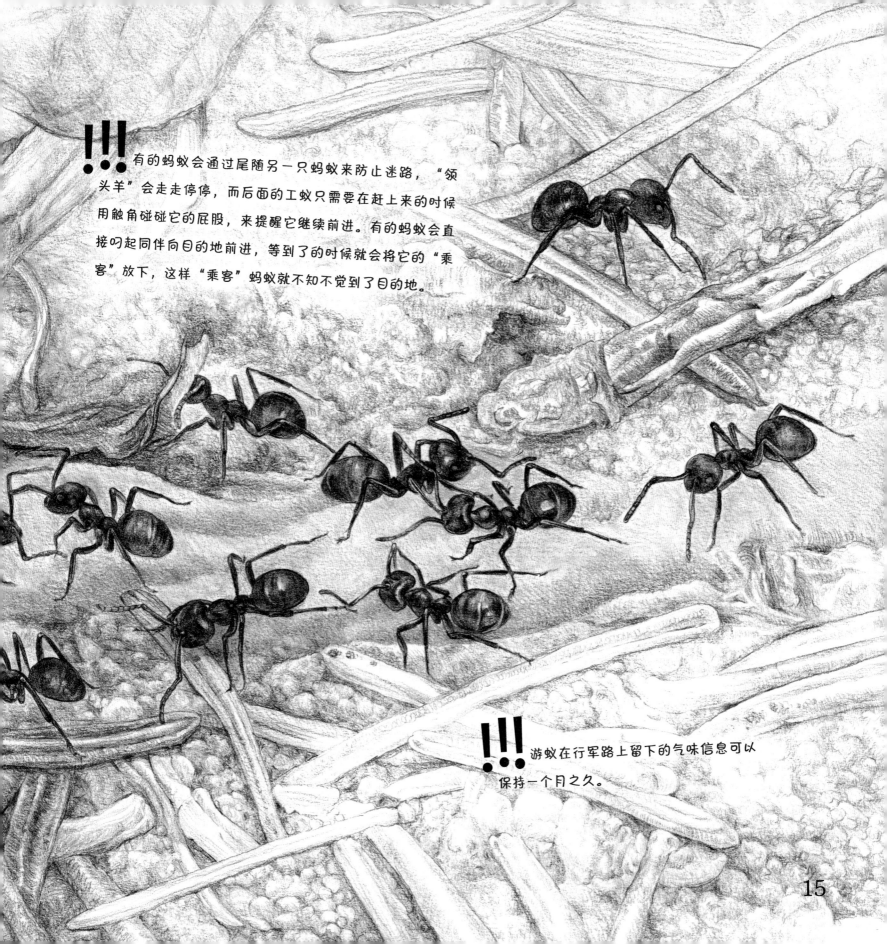

有的蚂蚁会通过尾随另一只蚂蚁来防止迷路，"领头羊"会走走停停，而后面的工蚁只需要在赶上来的时候用触角碰碰它的屁股，来提醒它继续前进。有的蚂蚁会直接叼起同伴向目的地前进，等到了的时候就会将它的"乘客"放下，这样"乘客"蚂蚁就不知不觉到了目的地。

游蚁在行军路上留下的气味信息可以保持一个月之久。

15

蚂蚁真的那么勤劳吗？

蚂蚁给人的印象是十分勤劳的，可是它们真的那么勤劳吗？其实，蚂蚁也很会偷懒。一个成熟的蚁群真正外出工作的蚂蚁只有很少一部分，而且外出工作的蚂蚁往往都是蚁群中的老弱病残。

蚂蚁为什么会搬家？

"蚂蚁搬家，定有雨下" —— 这句谚语告诉了我们一个蚂蚁的习性——下雨前搬家。可是，这种说法正确吗？其实，蚂蚁在下雨前并不一定搬家，蚂蚁一般只会在原来的"家"不够大或是周围环境不再适合它们生存的时候才会搬家。

"尸体搬运工"？

有时蚂蚁还会将自己群落与外族蚂蚁的尸体带回巢口，并堆成一个小丘。它们这样做可能是为了保护自己。

!!! 大多数蚂蚁虽然都很勤劳，但也有懒惰的"盗贼"。有的蚂蚁专门以抢劫别的蚂蚁巢穴中即将成熟的"工蚁"（茧）为生，并将它们孵化，之后，便让它们打理王国内的一切事物。

蚂蚁吃什么？

在严酷的自然环境下，为了生存，大多数蚂蚁养成了不挑食的好习惯。凡是能吃的东西几乎都能成为它们的食物。从肉类到各种谷物，我们不小心掉到地上的糖果，甚至是我们的头皮屑，都有可能成为蚂蚁的美餐。一般来说，蚂蚁最爱的食物，还是含糖分高的甜食，比如说蜂蜜、水果等。

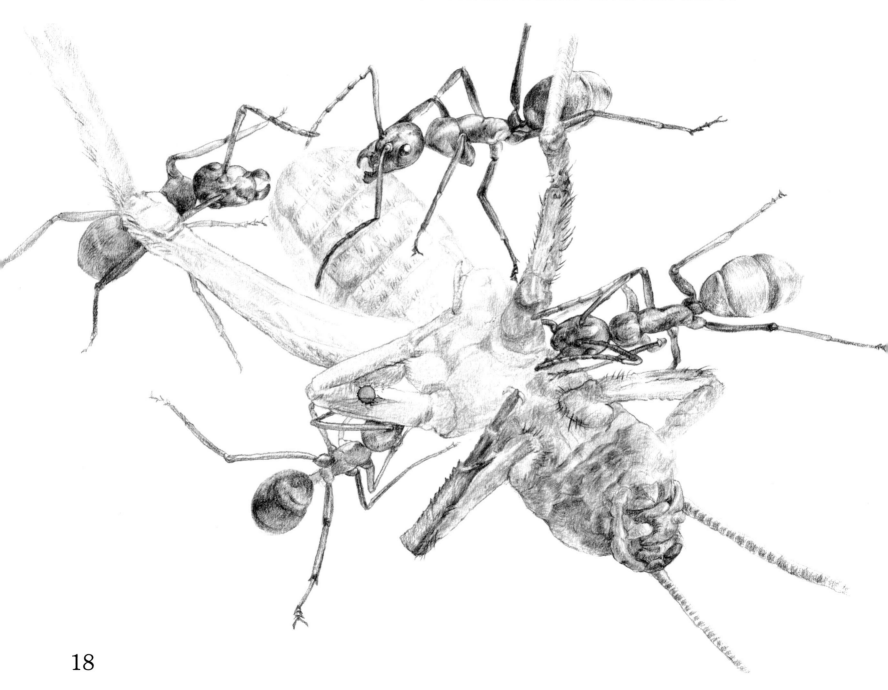

天然"粮仓"——蜜罐蚁

北美洲的蜜罐蚁所在的地区十分干旱，于是，这些蚂蚁的群落中出现了一批有着巨大肚子的工蚁，它们就是蚁群的移动"粮仓"。在旱季到来的时候，其他工蚁就会食用储存在这些"蜜罐"中的食物。

收获蚁的"种子面包"

在欧洲、非洲和亚洲部分地区分布着一种习性十分奇特的蚂蚁，这些蚂蚁会收集植物的种子，在资源匮乏的时候，这些蚂蚁就会用自己的大颚咬开种皮，混合上它们的唾液，把种子做成高营养的"种子面包"。

蚂蚁放牧

　　有的蚂蚁发现了一些昆虫（比如蚜虫）屁股后面分泌出的美味——"蜜露"。它们逐渐与这些昆虫结成了同盟，蚂蚁寻找合适的植物，把处于特定发育阶段的蚜虫运送到植物的特定部位进行"放牧"，并且会小心翼翼地呵护这些"奶牛"。作为回报，蚜虫则会释放出营养丰富的"蜜露"供蚂蚁享用。当这里的植物不再美味，或者温度和湿度不再适合的时候，蚂蚁会带上它们的"奶牛"去寻找新的放牧点。

春暖花开，正是放牧的大好时节，蚂蚁们
忙着把"奶牛"送到绿树或青草上。

21

织叶蚁

在亚洲、非洲等地的森林中，生活着一种筑巢本领超群的蚂蚁——织叶蚁。它们会把大树的叶子黏合形成一个个叶巢，把整个树冠变成自家的"豪宅"。织叶蚁做巢的过程非常有趣：当它们发现一个适合做巢的地方时，工蚁们会尝试从不同角度拉拢树叶。当力量不够时，它们甚至可以一只蚂蚁咬住另一只蚂蚁组成一条蚁链，共同用力让树叶合拢，然后大工蚁叼住能吐出丝线的幼虫来回穿梭把叶子粘成一个卷儿，最终，蚂蚁们会把一个个叶巢再黏合到一起，甚至在一个叶巢内，还被丝线分成一个个小室。

织叶蚁除了筑巢以外，还有很多复杂的行为值得我们去探索！

22

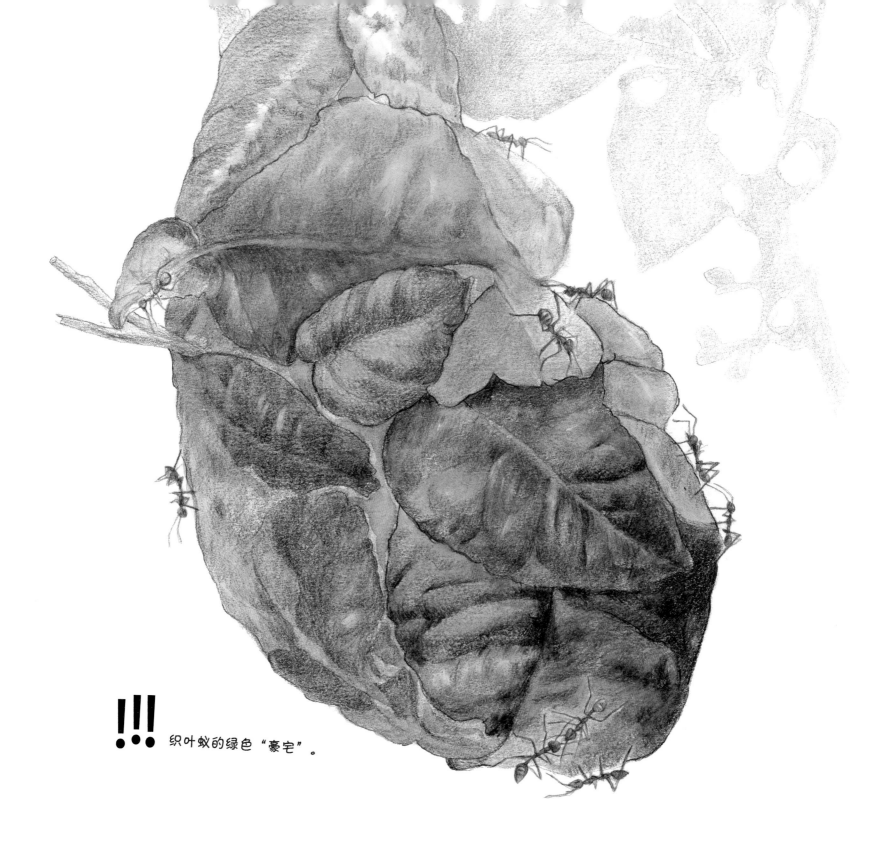

!!! 织叶蚁的绿色"豪宅"。

永远进击的行军蚁

行军蚁又称"军团蚁"。行军蚁和普通蚂蚁不同，行军蚁根本不会筑巢，它们从一出生就不断地移动，并不停发现猎物，吃掉猎物。在行进时，体型较大的行军蚁会站在行军蚁队伍附近进行保护。这些蚂蚁拥有强壮的颚，咬合力比一般蚂蚁有力得多。在捕食时，它们会分成不同的小组协调作战，就像拥有强大武装的职业军人，因此得名"行军蚁"。

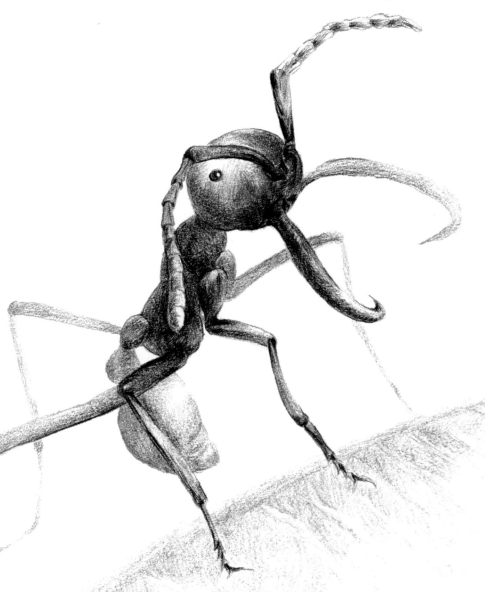

行军蚁或许是最令人毛骨悚然的蚂蚁之一。它们不仅数量繁多，而且会笔直进击，横扫并杀死一切挡路之物；它们是高度社会化的生物，族群内分工明确，夜晚休息时团团相抱，组成一个个令人惊异的蚂蚁球。看似杂乱无章的蚂蚁球，实则井然有序，工蚁和兵蚁在外圈站岗，蚁后和幼虫则在蚁球的最深处。

!!! 生活在南美洲的游蚁是一种行军蚁，它们的兵蚁有巨大的下颚！

!!! 行军蚁可以捕食各种各样的昆虫,甚至死掉的小动物以及其他蚂蚁的幼虫与卵。不过,这些蚂蚁的"腿"都很短,我们走路的速度也比它们要快很多,所以,它们是不会伤害到我们的。

行军蚁有几个不同的种类。比如,南美洲的游蚁、非洲的矛蚁和亚洲的双节行军蚁等。

种植高手切叶蚁

在亚马孙热带丛林有一种怪蚂蚁，它们并不直接吃树叶，而是将叶子切成小片带回蚁穴来种植蘑菇，这就是切叶蚁，又名"蘑菇蚁"。切叶蚁是唯一会切割新鲜植物，并用它们种植食物的动物，它们比人类更早掌握了种植技术。

在一个成熟的切叶蚁群落中，按照体型大小形成了不同的社会地位和分工，这是一种高度进化的表现。比如，迷你蚁会趴在被切落的叶子上巡视四周，保证运输队伍不被袭击，还要负责检查叶片是否已被污染，并在叶片上加上一些含抗生素的东西防止被霉菌污染，而中型蚁则负责把叶片运回蚁穴。

!!! 切叶蚁的蚁后可以长到3厘米长，是世界上最大的蚁后之一。

26

杰出的建筑师——白蚁

白蚁并不是蚂蚁，它是一种有着二亿五千万年生存历史的昆虫，实际上，白蚁与蟑螂是近亲，可以说，白蚁是高度社会化的"蟑螂"。白蚁在筑巢方面表现出卓越的才华，最著名的白蚁巢是热带草原上那些高达六七米的"白蚁丘"。白蚁的巢穴无论建在地上还是地下，都既美观精妙，又坚固实用，可供数百万只白蚁栖息，巢中有产卵室、育婴室、通风管、粮仓以及四通八达的隧道等复杂结构，这些蚁穴堪称自然界的建筑奇观。

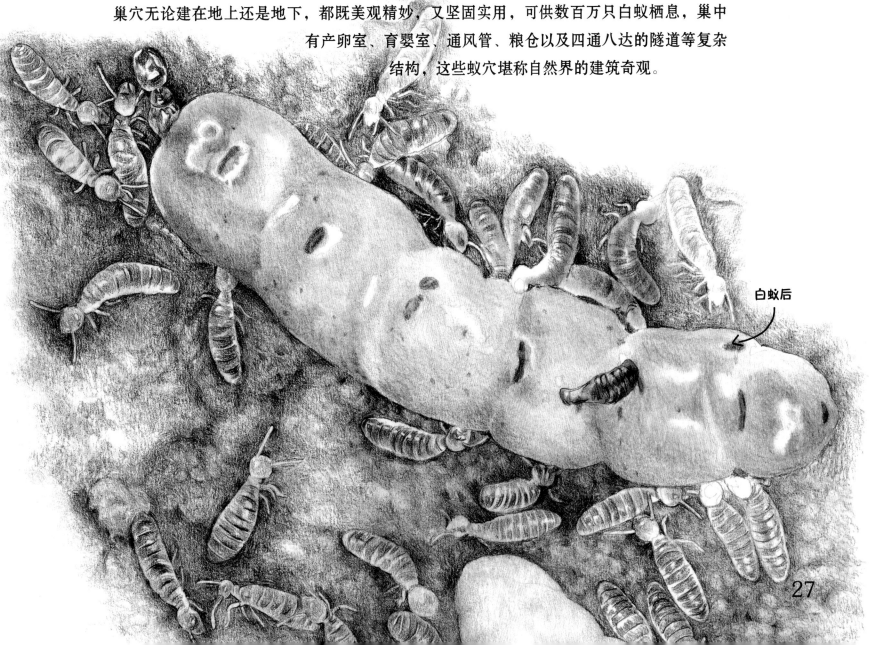

白蚁后

27

做个小小蚁学家

　　小朋友们，看到了这里，你是不是发现了一个丰富多彩的蚂蚁世界呢？那么，我们应该怎样饲养蚂蚁呢？我们可以用一个填上湿润土壤或沙子的小罐子来制作短时间饲养蚂蚁的简易巢。不过，如果想要长时间地饲养蚂蚁，我们就需要一支底部塞有湿润棉花的试管了。这样的蚁巢十分实用，需要的空间也不大，是饲养蚂蚁的好方法。

如何养蚂蚁？

　　可以用一支底部塞满湿润棉花的试管饲养蚂蚁。

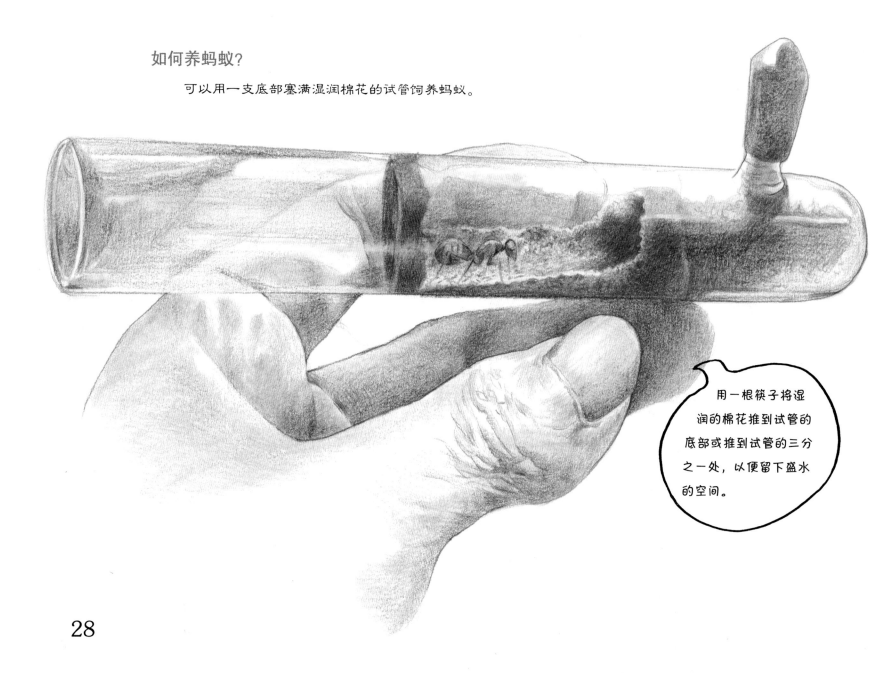

用一根筷子将湿润的棉花推到试管的底部或推到试管的三分之一处，以便留下盛水的空间。

28

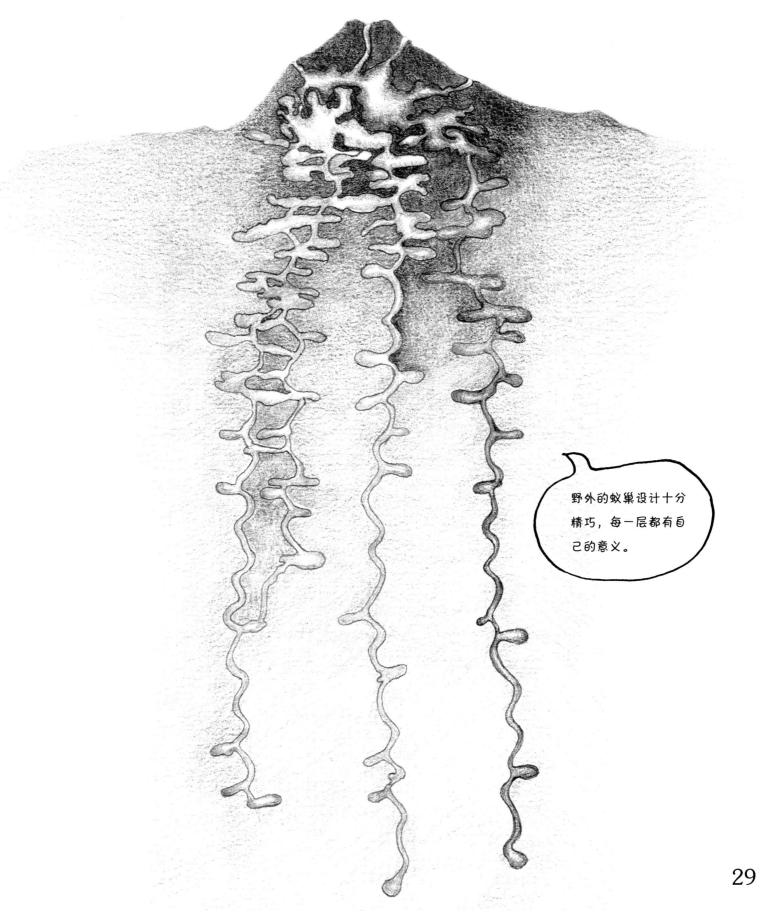

中国常见的蚂蚁

弓背蚁

它们是十分常见的蚂蚁，在北方，人们习惯称之为"大黑蚁"。

毛蚁

北方十分常见的蚂蚁，它们体型很小，但是数量却很多。这种蚂蚁一般在大树的根部筑巢。

大头蚁

兵蚁有着硕大的脑袋，它们多生活在潮湿的地方。

收获蚁

种子收集者：这种蚂蚁会在特定的季节收集它们喜欢的种子，并且将这些种子存放在干燥通风的巢穴中，以防止这些种子发芽。当食物紧缺的时候，它们就会咬破种子的壳，用唾液和种子内部的"宝藏"混合，形成富有营养的食物。

林蚁

这是一种在北方常见的蚂蚁，它们性格凶猛，身体呈红褐色和黑色相间，在阳光充分的下午，常常能看到它们在收集食物。

双刺猛蚁

这是一种没有蚁后等级的猛蚁，广泛分布于中国南方。在它们的群落中，只有一只与雄蚁交配的有性工蚁来担任生育的工作，其他工蚁偷偷产下的卵会被它破坏。

铺道蚁

体型很小却十分强壮，这是一个好战的种族，它们打起架来互不示弱，常常会在路面上形成黑压压的一片，所以我们叫它们"铺道蚁。"

猎镰猛蚁有"异型"一样的长相，硕大的眼睛与健硕的身体配上孤僻的性格成就了它们"丛林猎手"的称号。

这是一个野生艾箭蚁的巢穴，修长的腿脚与飞快的速度让它们在夏日高温的土地上移动自如。

大齿猛蚁不仅有着奇异的外表，它们弹簧一样的大颚在收缩时候的速度比子弹出膛时还快。

蚁属的蚂蚁分布广泛，凭借着刺鼻的蚁酸这些斗士竟敢与西伯利亚棕熊一决高低。

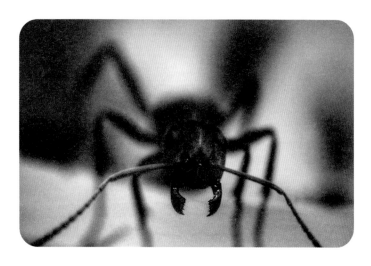

在树上生活的黄猄蚁有极好的视力，它们会将树叶用幼虫的丝缝合起来作为自己的巢穴。

为了适应树干中的生活，红黑细长蚁委屈了自己变强壮的愿望。尽管如此，它们仍然有着不可小觑的勇猛。

图书在版编目（CIP）数据

　　看！蚂蚁 / 孙煜尧著；孙文新绘. -- 济南：山东
科学技术出版社, 2020.3（2023.6 重印）
　　（家门外的自然课）
　　ISBN 978-7-5331-9945-6

　　Ⅰ. ①看… Ⅱ. ①孙… ②孙… Ⅲ. ①蚁科—
儿童读物 Ⅳ. ①Q969.554.2-49

中国版本图书馆CIP数据核字(2019)第213974号

家门外的自然课

看！蚂蚁

JIAMENWAI DE ZIRANKE

KAN! MAYI

责任编辑：　董小眉
装帧设计：　李玉颖　孙非羽

主管单位：山东出版传媒股份有限公司
出　版　者：山东科学技术出版社
　　　　　　地址：济南市市中区舜耕路517号
　　　　　　邮编：250003　电话：（0531）82098088
　　　　　　网址：www.lkj.com.cn
　　　　　　电子邮件：sdkj@sdcbcm.com
发　行　者：山东科学技术出版社
　　　　　　地址：济南市市中区舜耕路517号
　　　　　　邮编：250003　电话：（0531）82098067
印　刷　者：济南新先锋彩印有限公司
　　　　　　地址：济南市工业北路188-6号
　　　　　　邮编：250101　电话：（0531）88615699

规格：12开（250 mm × 250 mm）
印张：3　　字数：60千　　印数：18 001~28 000
版次：2020年3月第1版　印次：2023年6月第7次印刷
定价：48.00元

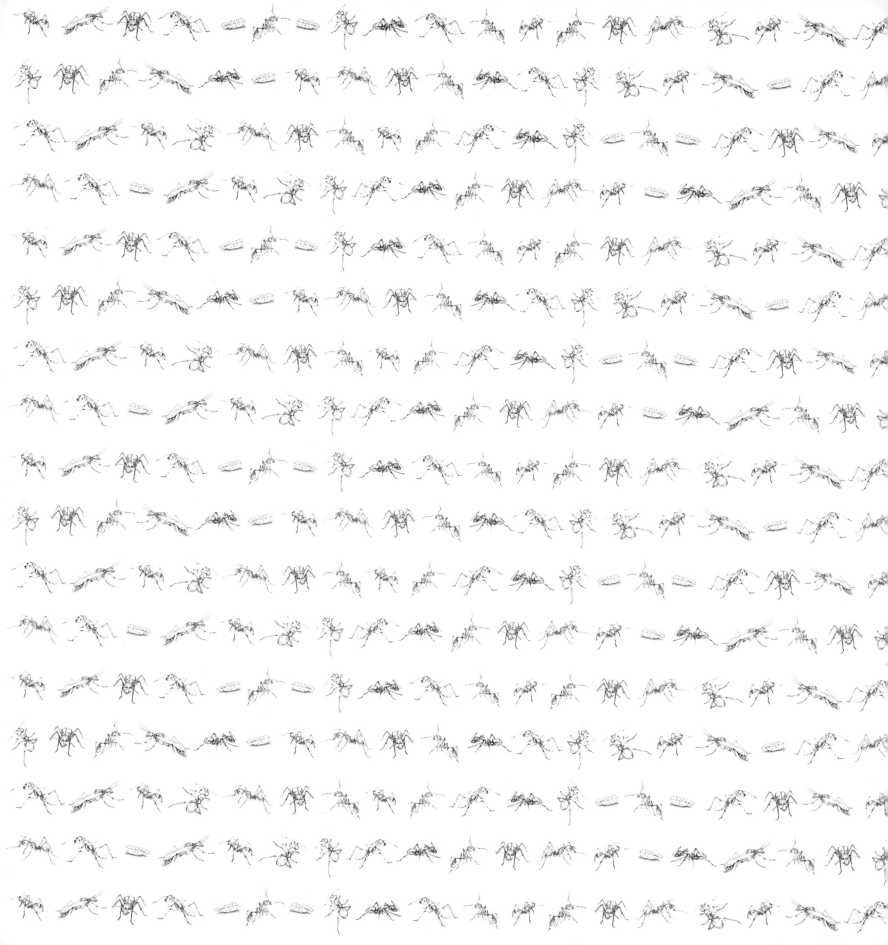